BEI GRIN MACHT SICH IHR WISSEN BEZAHLT

AF141646

- Wir veröffentlichen Ihre Hausarbeit,
  Bachelor- und Masterarbeit

- Ihr eigenes eBook und Buch -
  weltweit in allen wichtigen Shops

- Verdienen Sie an jedem Verkauf

Jetzt bei www.GRIN.com hochladen und kostenlos publizieren

GRIN

David Abend

Wie nehmen Moose Wasser auf? (Klasse 7, Realschule)

Ökosystem Wald

GRIN Verlag

Bibliografische Information der Deutschen Nationalbibliothek:

Die Deutsche Bibliothek verzeichnet diese Publikation in der Deutschen National-
bibliografie; detaillierte bibliografische Daten sind im Internet über http://dnb.d-
nb.de/ abrufbar.

Impressum:

Copyright © 2013 GRIN Verlag GmbH
Druck und Bindung: Books on Demand GmbH, Norderstedt Germany
ISBN: 978-3-656-85316-9

Dieses Buch bei GRIN:

http://www.grin.com/de/e-book/283603/wie-nehmen-moose-wasser-auf-klasse-7-
realschule

GRIN - Your knowledge has value

Der GRIN Verlag publiziert seit 1998 wissenschaftliche Arbeiten von Studenten, Hochschullehrern und anderen Akademikern als eBook und gedrucktes Buch. Die Verlagswebsite www.grin.com ist die ideale Plattform zur Veröffentlichung von Hausarbeiten, Abschlussarbeiten, wissenschaftlichen Aufsätzen, Dissertationen und Fachbüchern.

Besuchen Sie uns im Internet:

http://www.grin.com/

http://www.facebook.com/grincom

http://www.twitter.com/grin_com

Zentrum für schulpraktische Lehrerausbildung

Seminar für das Lehramt an Haupt-, Real- und Gesamtschulen

Unterrichtsentwurf
für den 3. Unterrichtsbesuch
im Fach Biologie

Thema der Unterrichtsstunde:

Wie nehmen Moose Wasser auf?

Vorgelegt von:

Schule:

Schulleiter:

ABB:

Mentor:

Klasse: Kurs Biologie Stufe 7

Datum: 18.06.2013

Zeit: 6. Stunde, 12:30 – 13:15 Uhr

Raum:

Fachleiterin:

Kernseminarleiterin:

1 Unterrichtsreihe

1.1 Thema und Aufbau der Unterrichtsreihe

Ökosystem Wald - Der Wald vor unserer Türe, wir lernen ihn kennen.

Innerhalb der Unterrichtsreihe „Ökosystem Wald" setzen sich die Schülerinnen und Schüler[1] mit Aspekten von Ökosystemen handlungsorientiert auseinander.

1.2 Aufbau der Unterrichtsreihe

Unterrichts-sequenz	Thema der Stunde
1. Sequenz	Der Wald besteht nicht nur aus Bäumen - Erstellen von Mindmaps zum Ökosystem Wald in Partnerarbeit. Erarbeitung der Abhängigkeiten von Lebensgemeinschaften in Ökosystemen.
2. Sequenz	Wald ist nicht gleich Wald - Zeichnerische und schriftliche Erarbeitung der unterschiedlichen Formen von Wäldern in Gruppenarbeit.
3. Sequenz	Kein Leben ohne Licht - Stationsarbeit zu den verschiedenen Pflanzen im Wald und die Einteilung des Stockwerksbaus im Mischwald.
4. Sequenz	Was lebt denn da? - Die Aufgaben der Bakterien, Pilzen, Pflanzen und Tiere sind Gegenstand des Unterrichts und die SuS erstellen Nahrungsketten/ Nahrungsnetze.
5. Sequenz	Ohne Wasser gibt es kein Leben - Stationsarbeit zum Thema Wasserkreislauf. Die SuS lernen den globalen Wasserkreislauf kennen, indem sie diesen zeichnen, Lückentexte und weitere Arbeitsmaterialien bearbeiten.
6. Sequenz	Was hat der Wald mit dem Wasser zu tun? - Die SuS lernen die Bedeutung des Waldes für den globalen Wasserhaushalt kennen und führen Experimente mit Wasser durch, die die Eigenschaften des Wassers verdeutlichen.

---

[1] Im weiteren Verlauf SuS abgekürzt.

7. Sequenz	Wie nehmen Moose Wasser auf? - In einem Versuch werden die Eigenschaften auf die Wasserspeicherfähigkeit der Moose durch die SuS selbstständig erforscht und anhand von Versuchsprotokollen dokumentiert.
8. Sequenz	Wie können wir den Wald schützen? - Exkursion zu einem nahe gelegenen Wald sowie das Erkennen von Schädigungen des Waldes. Die SuS finden Möglichkeiten für den Schutz des Waldes.

1.3 Kompetenzorientierte Lernzielschwerpunkte der Unterrichtsreihe

Im Verlauf der Unterrichtsreihe sollen den SuS die besondere Bedeutung des Waldes für das Leben auf der Erde bewusst werden. Innerhalb der Unterrichtsreihe sollen sie lernen, biologische Sachverhalte anhand von vereinfachten Modellen zu beschreiben, zu veranschaulichen und zu erklären. Dabei sollen Sie auch die entsprechende Fachsprache benutzen. Innerhalb der Unterrichtsreihe kommen kooperierende Arbeitsweisen (Partnerarbeit, Kleingruppen) vorrangig zum Einsatz, damit sich die Lerngruppe noch besser kennenlernt und für jeden SuS eine optimale Lernumgebung geschaffen werden kann. Die Einteilung kann so erfolgen, dass sich die Gruppenmitglieder untereinander unterstützen und voneinander profitieren.

Außerdem sollen die SuS dafür sensibilisiert werden, dass der Wald und auch andere Ökosysteme zu schützen sind, damit das Leben auf der Erde erhalten bleibt. Die SuS erarbeiten Handlungsmöglichkeiten, die durch den Menschen umgesetzt werden können, damit Ökosysteme erhalten bleiben und geschützt werden können. Durch das zunächst angeleitete und später auch selbstständige Experimentieren sollen die biologischen Arbeitsweisen geschult und das Dokumentieren in Form von Versuchsprotokollen geübt werden.

1.4 Lerngruppe

Die Lerngruppe des Biologiekurses der Klasse sieben besteht aus 18 SuS, die sich aus sieben Mädchen und elf Jungs zusammensetzt. Der Biologiekurs besteht aus drei Schulklassen und setzt sich aus den SuS der Klasse 7A, 7B und 7C zusammen. Als erste Differenzierung haben die SuS Musik gewählt und haben als Beifach Biologie. Die SuS kennen sich untereinander gut, da sie aufgrund ihres Interesses an der Musik viele Überschneidungspunkte in ihrer Freizeit haben. Der Leistungsstand des Kurses ist im Vergleich zu ähnlichen Lerngruppen als durchschnittlich zu sehen. Die mündliche Mitarbeit ist innerhalb der Klasse sehr verschieden und stark vom Unterrichtsthema abhängig.

Insgesamt zeigt sich die Klasse sehr an biologischen Themen interessiert, was auch auf die aktuelle Unterrichtsreihe zutrifft. Häufig werden allerdings Zwischenfragen gestellt, die nur indirekt etwas mit dem Unterrichtsgeschehen zu tun haben.

1.5 Lernvoraussetzungen und Konsequenzen

Der Biologieunterricht findet jeweils freitags in der fünften und sechsten Stunde (11:40 bis 13:15 Uhr) in einem normalen Klassenraum statt. Aus diesem Grund müssen alle für den Biologieunterricht nötigen Materialien dorthin gebracht werden. Aufgrund der Tischanordnung lassen sich hier, anders als im Biologieraum, gut Gruppenarbeiten durchführen. Die SuS haben in diesem Halbjahr viele Gruppenarbeiten durchgeführt und auch das selbstständige Arbeiten geübt. Für die Lerngruppe ist es aber das erste Mal, dass sie mit einer Forscher-Box arbeiten. Das unterschiedliche Lern- und Arbeitstempo innerhalb der Gruppe muss immer wieder beachtet werden, da sowohl die fachlichen als auch die methodischen Grundlagen aufgrund des Kursprinzips stark schwanken. Aus diesem Grund ist es wichtig für die schnelleren SuS eine didaktische Reserve bereitzuhalten oder ihnen die Möglichkeit geben, anderen SuS zu helfen.

1.6 Überlegungen zur Sache

Innerhalb der Unterrichtsreihe Ökosystem Wald werden die Grundelemente eines Ökosystems thematisiert. Im Mittelpunkt der Unterrichtsreihe steht die Unterscheidung von verschiedenen Lebensräumen, die abiotischen und biotischen Komponenten, die auf die verschiedenen Bereiche wirken, die Gefährdungen des Waldes und die komplexen Verflechtungen innerhalb eines Ökosystems. Die Zusammensetzung eines Ökosystems wird unter anderem durch das herrschende Klima, den Boden, die Höhenlage und das Relief einer Region bestimmt. Hierdurch ergibt sich eine immer wieder verschiedene Pflanzen- und Tiergesellschaft.

In Deutschland kommen hauptsächlich Mischwälder vor, die sich in fünf Stockwerke gliedern. Der unterirdische Teil des Waldes ist die Bodenschicht, in der weit mehr Organismen, wie zum Beispiel Bakterien und Kleinstlebewesen vorkommen als im oberirdischen Teil des Waldes. Durch die Zersetzung von Laub, Holz und toten Organismen ist der Waldboden reichhaltig an Mineralien und Humus. In dieser Schicht ist ein Großteil der Pflanzen verwurzelt, die aus unterschiedlichen Tiefen Wasser und Nährstoffe aufnehmen. In der so genannten Moosschicht leben eine Vielzahl von Kleinstlebewesen wie z.b. Schnecken, Spinnen, Würmer, Asseln und Käfern. Sie finden hier Nahrung, einen Unterschlupf und dienen vielen anderen Tieren als Nahrungsgrundlage. In dieser Schicht wachsen verschiedene Flechten, sowie Moose, die Wasser speichern und somit einen großen Einfluss auf den Wasserhaushalt des Waldes und angrenzende Gebiete haben. Die Krautschicht ist dort mehr ausgeprägt, wo Baumkronen viel Licht durchlassen. In dieser Schicht wachsen vorwiegend Farne, Kräuter, Sträucher und Gräser, die mit weniger Sonnenlicht auskommen. Sie blühen meist früh im Jahr und nutzen die Zeit bis zum Blattaustrieb der größeren Bäume im April, um Blüten und Früchte hervorzubringen. Gerade in lichten und somit auch hellen Wäldern kann die Strauchschicht besonders stark ausgeprägt sein, denn auch im Sommer dringt hier das Sonnenlicht noch durch die Baumkronen ein. Besonders viele Sträucher sind hier zu finden, die vielen Tieren als Nahrungsgrundlage, Versteck oder als Brutplatz dienen. Am Rande von Wäldern bilden die Sträucher auch einen natürlichen Übergang zwischen dem Wald und z.B. Wiesen oder Feldern. Das Dachgeschoss des Waldes bildet die Baumschicht, die das Innenklima des Waldes bestimmt. Je ausgeprägter die Baumschicht ist, umso milder ist das Klima in den darunter der folgenden Schichten. Größere Vogelarten nisten in dieser Schicht und finden auch hier ihre Nahrung. Eine Vielzahl an Insektenarten lebt von den Blättern der Bäume und nutzt diese als Wohnort. In der Baumschicht sind sowohl Laub- als auch Nadelbäume zu finden und je nach Zusammensetzung hat dies ebenfalls einen starken Einfluss auf das Klima im Wald.

1.7 Curriculare Legitimation

In den Kernlehrplänen des Landes NRW für die Sekundarstufe 1 an den Realschulen ist das Rahmenthema „Ökosysteme und ihre Veränderungen" festgelegt und dem Inhaltsfeld fünf zugeordnet. Exemplarisch am Ökosystem Wald sollen die SuS ihre

Fähigkeiten festigen, Zusammenhänge zu erfassen, zu strukturieren und Modelle zu verstehen. Auch lässt sich das Thema dem Inhaltsfeld drei zuordnen „Tiere und Pflanzen im Jahreslauf". Die Veränderungen im Verlauf eines Jahres werden in der Unterrichtsreihe thematisiert. Moose, die in der heutigen Stunde erforscht werden, haben einen großen Einfluss auf die Lebensräume der anderen Pflanzen und Tiere und lassen sich daher dem Inhaltsfeld drei ebenfalls zuordnen.

Im schulinternen Lehrplan für die Klasse sieben können exemplarisch das „Ökosystem Wald" oder der „Lebensraum See" behandelt werden. Die Institution Schule soll die SuS dazu befähigen, einerseits über das notwendige Fachwissen zu verfügen, andererseits die nötigen Handlungskompetenzen zu entwickeln. Innerhalb der Unterrichtsreihe wird das Verständnis über die Grundlagen eines Ökosystems geschaffen, so dass die SuS den Erkenntnisgewinn auf andere Ökosysteme und andere biologische Zusammenhänge übertragen können (UF 4).

1.8 Didaktischer Leitgedanke und Intention

Angesichts der steigenden Zahlen an Naturkatastrophen ist die Bedeutung von Ökosystemen, besonders des Waldes für den europäischen Raum, eine wichtige Aufgabe im Biologieunterricht. Damit erst eine Identifikation mit dem Unterrichtsthema stattfinden kann, sollen möglichst viele praktische Unterrichtsstunden innerhalb der Unterrichtsreihe stattfinden. Die SuS sollen in Kontakt mit der Natur kommen, daher steht auch am Ende der Unterrichtsreihe ein Unterrichtsgang in den Wald an. In der Freizeit haben alle den Wald kennengelernt, allerdings aus ganz unterschiedlichen Gründen. Damit der Wald nicht als etwas Selbstverständliches angesehen wird, denn auch dieser braucht Schutz und Rücksichtnahme, damit das Ökosystem im Gleichgewicht bleibt, wird dieser in der Unterrichtsreihe thematisiert. Die Wechselbeziehungen zwischen Mensch und Natur wurden innerhalb der Unterrichtsreihe herausgearbeitet. Dabei wurden auch im Sinne der Nachhaltigkeit ökologische, wirtschaftliche und soziale Funktionen des Waldes untersucht. In diesem Zusammenhang stand ebenfalls das Kennenlernen des Waldes als möglicher Ort, an dem die SuS später einen Arbeitsplatz finden könnten. Innerhalb des Themas Forstwirtschaft wird dies besprochen.

Damit die Motivation der SuS innerhalb der Unterrichtsreihe hochgehalten wird, werden viele Materialien aus der Natur und Kleingruppenarbeit bzw. Partnerarbeit zu verschiedenen Themenberiechen eingesetzt.

2 Thema und Lernzielschwerpunkte der Unterrichtsstunde

2.1 Thema der Unterrichtsstunde

Wie nehmen Moose Wasser auf? - Aufbau der Moose und die Bedeutung der Moose für unsere Wälder.

2.2 Lernzielschwerpunkte der Unterrichtsstunde

Anhand von Schülerversuchen erkennen die SuS, dass Moose mit den Blättern einen Großteil des Wassers aufnehmen bzw. festhalten. Auf Grundlage ihres Wissens über Samenpflanzen transferieren sie dieses Wissen, über die Funktionen von Blättern und Wurzeln, auf die der Moospflanzen. Durch das Forschen und Experimentieren in den Kleingruppen verbessern die SuS die sozialen Kompetenzen. Die SuS wenden ihr theoretisches Wissen praktisch an und überprüfen dieses in Experimenten. Dazu bekommen die SuS zum ersten Mal eine Forscher-Box und können somit eigenständig arbeiten. Die Einführung der Forscher-Box soll damit geschehen. Die verschiedenen Materialen in der Box sollten die SuS aus den vergangenen Schuljahren bekannt sein, allerdings sind für sie der Umgang mit der Forscher-Box und das eigene Experimentieren neu.

Indikatoren:

Die SuS...

- ... die Unterschiede zwischen trockener und feuchter Moospflanze beschreiben.
- ... entwickeln in Gruppenarbeit selbstständig Versuche und führen diese durch, mit Hilfe der Forscher-Box.
- ...verknüpfen ihr Wissen über Samenpflanzen mit den neugewonnenen aus den Experimenten über die Moose.

- ... erklären, dass Moose Wasser mit den Blättern aufnehmen und nicht mit den Wurzel.
- ... beschreiben, dass die Wurzel bei den Moosen nur der Verankerung dient.

2.3 Konkretisierungen zur Lerngruppe und Lernvoraussetzungen

Insgesamt zeigte sich die Klasse in den vergangenen Unterrichtsstunden sehr motiviert die biologischen Themen zu bearbeiten. Viele Themenbereiche wurden in Partner bzw. Gruppenarbeit erarbeitet, was die Motivation bei den SuS steigerte. Da einzelne SuS, aber oft immer dieselben sehr gerne ihre Ergebnisse präsentieren, wird bei der Gruppenarbeit darauf geachtet, dass in der heutigen Stunde andere SuS die Ergebnisse der Gruppe vorstellen. Die Rollenverteilung in den Gruppen wurde so gewählt, dass die SuS auch einmal andere Rollen innerhalb der Gruppe einnehmen müssen.

Die Forscher-Box wurde auch aus diesem Grund für das Experimentieren gewählt, damit alle SuS sich an der aktiven Lösung der Forschungsfrage beteiligen.

2.4 Überlegungen zur Sache

Moose gehören zu den Sporenpflanzen und kommen in rund 16.000 Arten vor. Im Unterricht wird nur die Abteilung der Laubmoose (Bryophyta) thematisiert. Moose zählen zu den autotrophen Pflanzen, die sich über Photosynthese in den oberen Teilen der Pflanze mit Nährstoffen versorgen.

Zur Verankerung am Boden und nicht zur Aufnahme von Wasser besitzen die Moose Rhizoide. Daher zählen Moose zu den wurzellosen Pflanzen. Aus diesem Grund müssen die Moose auf eine andere Weise Wasser aufnehmen. Moose bestehen aus einem Stämmchen, an dem die Moosblättchen wie Schuppen anliegen. Zwischen diesen Blättchen kann wie bei einem Schwamm Niederschlagswasser gespeichert und über die Blattoberfläche aufgenommen werden. Das Wasser wird mittels Diffusion, Kapillarkräften und Cytoplasmaströmungen in der Pflanze verteilt.

Aufgrund der unterschiedlichen Wasserversorgung im Verlauf eines Jahres, haben sich die Moose an diese Veränderungen angepasst. Die Blätter rollen sich bei Trockenheit ein, damit weniger Wasser über die Verdunstung verloren geht. Ist genügend Feuchtigkeit bzw. Wasser vorhanden wird dieses aufgenommen und gespeichert. In Wäldern kommen diese meist an schattigen und feuchten Habitaten vor.

Da sie sehr unabhängig von einer Wasserversorgung sind, werden sie auch als Pionierpflanzen bezeichnet. Sie können Lebensräume (z.b. Felsen) als erstes besiedeln. Das Größenwachstum der Moose wird durch das fehlende Lignin begrenzt. Moose wachsen immer im so genannten Moospolster zusammen, die aus vielen verschiedenen Moose bestehen. Diese Moospolster wachsen flächendeckend zusammen und können sehr viel Wasser speichern. Aus diesem Grund haben sie einen großen Einfluss auf den Wasserhaushalt im Ökosystems Wald. Sie speichern Regenwasser, nur ein Teil des Regenwassers versickert sofort im Boden. Der Rest wird von den Moosen über einen längeren Zeitraum hinweg wieder abgegeben. Dies ist auch ein Grund dafür, dass es auch im Sommer im Wald kühl und feucht ist.

Außerdem bieten Moospolster einen wichtigen Lebensraum für kleine Tiere wie Käfer, Spinnen, Schnecken und Ameisen, die einen wichtigen Beitrag zum Stoffkreislauf im Lebensraum Wald leisten.

2.5   Didaktische Überlegungen

In der heutigen Stunde steht das problemorientierte Unterrichtsgeschehen im Mittelpunkt. Die SuS sollen selbstständig eine wissenschaftliche Fragestellung formulieren und die Hypothese überprüfen. Anhand der in der Stunde durchgeführten Experimente, den daraus gewonnenen Beobachtungen und Erkenntnissen, soll diese Fragestellung am Ende der Stunde durch die SuS selbstständig beantwortet werden. Damit die SuS das eigenständige Angehen von Problemen üben, steht ihnen zur Überprüfung der Forschungsfrage einer Forscher-Box zur Verfügung. Da es die erste Stunde ist, in der die SuS diese Box kennerlernen, beinhaltet diese nur die nötigsten Materialen für die Experimente. Dabei sollen Sie feststellen, dass Laubmoose Wasser über die Blätter aufnehmen und ihre Rhizoide größtenteils nur zur Verankerung am Untergrund dienen. Dadurch erhalten Sie die Grundlage über die Bedeutung der Moose für das Ökosystemen Wald für die Folgestunden. Die bei den Experimenten gewonnenen Erkenntnisse sollen die SuS anhand der Versuchsprotokolle festhalten und eventuelle Daten, die beim Messen z.B. des Gewichtes der Pflanze gesammelt worden, sollen in der Abschlussreflexion miteinander verglichen werden. Zur Differenzierung gib es ein zweites Arbeitsblatt, mit dem sich die SuS auseinandersetzen sollen, wenn sie mit ihrer Gruppe die Versuche beendet haben. Sie sollen hierbei sich noch einmal zeichnerisch mit dem trockenen und dann gewässerten Moos auseinandersetzen. Zusätzlich zeichnen die SuS eine Moospflanze auf eine Folie, damit diese bei der Abschlussreflektion besprochen werden kann. Die Ergebnisse der unterschiedlichen Gruppen werden ebenfalls in der Abschlussreflexion miteinander verglichen und bewertet. Ein eigenständiger und kurzer Merksatz wird nach der Abschlussreflexion formuliert, bzw. der eigene Merksatz auf den Arbeitsblättern soll gegebenenfalls ergänzt werden. Zu diesem Merksatz gehört, dass die Moose die Wasseraufnahme über die Blätter nutzen. Sollte die Zeit nicht ausreichen, dass alle Gruppen ihre Ergebnisse vorstellen, werden exemplarisch nur einige Gruppen ihre Ergebnisse präsentieren.

Die Gruppen wurden von mir so eingeteilt, dass leistungsstarke und leistungsschwächere SuS zusammenarbeiten und ich habe darauf geachtet, dass die SuS untereinander auch kooperieren. Bei der Gruppenarbeit nehmen die SuS unterschiedliche Rollen ein: Zeitwächter, Materialhohler, Protokollant und Präsentator. Durch die Rollenzuweisung soll ein geordneter Ablauf der Gruppenarbeit gewährleistet werden.

2.6 Methodische Überlegungen

Die heutige Stunde stellt die Einführungsstunde in das Thema Moose dar. Zum Beginn der Stunde sollen die SuS sich zu den Moosen auf dem Stein bzw. auf dem Holz äußern, wobei beide Unterrichtsgegenstände als stummer Impuls dienen.

So hat jeder SuS die Möglichkeit das Moospolster zu sehen, (später auch anzufassen), es zu beschreiben und Assoziationen dazu zu äußern. Auf diese Weise wird das Vorwissen bei den SuS aktiviert. Durch die SuS kann die Äußerung kommen, dass es aussieht wie ein Schwamm. Auf diese Aussage würde ich bei der Auswertung des Versuchs noch einmal zurückkommen. Aus diesem Impuls her soll eine Problemfrage entwickelt werden. Diese könnte z.B. folgendermaßen lauten: „Wo bekommen die Moose das Wasser her, das sie zum Leben benötigen?". Als Grundlage hierfür dienen die Kenntnisse über Pflanzen, die innerhalb der Unterrichtsreihe erarbeitet wurden. Sollten die SuS nicht auf eine ähnliche Fragestellung kommen, werden die Moose mit den Pflanzen verglichen, die innerhalb der Unterrichtsreihe kennengelernt wurden. Ein Vergleich zu den im Klassenraum vorhandenen Topfpflanzen ist ebenfalls möglich. Das eigene Erstellen von Hypothesen, die sich auf die Problemfrage beziehen, ist Teil des nächsten Unterrichtsgeschehens. Eine Hypothese wird an der Tafel festgehalten und im weiteren Verlauf von den SuS selbstständig überprüft. Das gemeinsame Festlegen einer Hypothese ist wichtig, damit im weiteren Verlauf die SuS in den Kleingruppen das gleiche Problem untersuchen. Dadurch wird die Zieltransparenz bei allen SuS für die Stunde festgehalten.

Damit die SuS genügend Zeit haben ihre eigenen Experimente durchführen zu können, wurden die Lerngruppen zuvor von mir festgelegt (siehe 2.5 Didaktische Überlegung). Die Hypothesen werden von den SuS auf den nun ausgeteilten Arbeitsblättern eingetragen und im weiteren Verlauf überprüft.

Damit die SuS die Hypothese überprüfen können, bekommen sie eine Forscher-Box, in der sie eine Reihe an Materialien (Waage, Petrischalen, Moose, Messbecher, Lupe) finden, die sie zum eigenständigen Überprüfen der Hypothese nutzen können. In der Forscher-Box befinden sich nur die Sachen, die die SuS zum Experimentieren benötigen. Nachdem sich die SuS mit der Box vertraut gemacht haben, bearbeiten sie selbstständig die Arbeitsblätter und finden eine Lösung zu Überprüfung der Hypothese. Zur Gruppenarbeit gehört auch das genaue Betrachten der Pflanzen mit einer Lupe. Der methodische Schwerpunkt liegt in dieser Stunde in der Arbeit mit der Forscher-Box, mit der die SuS die selbstständige Planung, Durchführung, das Protokollieren und Auswerten ihrer Experimente üben und so einen Erkenntniszuwachs erfahren sollen. Finden die Gruppen keine Lösungsansätze für das Überprüfen der Hypothesen, wird die Gruppenarbeitsphase unterbrochen und im Klassenplenum die Ansätze diskutiert, so dass mögliche Experimente gemeinsam gefunden werden können. Diese werden dann im weiteren Verlauf durchgeführt.

Finden verschiedene Gruppen gleiche Lösungsansätze, die miteinander vergleichbar sind, so werden ihre Ergebnisse in der Abschlussreflexion bzw. der Besprechung der Experimente miteinander verglichen. Außerdem werden die Zeichnungen von den SuS verglichen, die diese Zusatzaufgabe gemacht haben, indem eine mögliche Zeichnung der SuS auf einer Folie auf den Overheadprojektor gelegt und mit den SuS besprochen bzw. eventuell beschriftet wird.

Auf die eingangs festgelegte Problemfrage sollen die SuS auf ihren Arbeitsblättern einen Merksatz formuliert haben, der in der Abschlussreflexion besprochen wird.

Dieser sollte beinhalten, dass Moose kein Wasser über die Wurzeln (Rhizoiden) sondern über die Blättchen aufnehmen. Sollte nach dieser Sicherung noch Zeit vorhanden sein, würde die Bedeutung der Moose für den Wasserkreislauf (im Wald) besprochen werden und ein Transfer zur Sequenz „Der globale Wasserkreislauf" angefangen werden. Für den Fall, dass die Unterrichtszeit hierfür nicht ausreicht, werden die verschiedenen Beobachtungen bei den Experimenten gesammelt und die Bedeutung der Moospflanzen für das Ökosystemen Wald als Hausaufgabe aufgegeben.

Phase	Zeit	Unterrichtsgeschehen	Sozialform/Medien	Didaktischer Kommentar
• Begrüßung	• ca. 2 Min.	• LAA begrüßt SuS und stellt Gäste vor.	• Plenum	• Stundenbeginn wird signalisiert. • Auflockerung der Besuchssituation.
• Einstieg	• ca. 8 Min.	• Präsentation des Realobjektes – Moose auf Steinen. • Formulierung einer Forschungsfrage: „Wie nehmen Moose Wasser auf?" aus den Vermutungen der SuS. • Gemeinsame Planung der Arbeitsschritte und Vorstellen der Forscher-Boxen. • Bekanntgabe des Stundenablaufs.	• LuS-Gespräch • Moose auf Steinen/ Holz • Tafel • Forscher-Boxen	• Motivation der SuS. • SuS sollen lernen, eigene Vorschläge zur Lösung des Problems zu formulieren. • Zieltransparenz herstellen.
• Hinführung zur Erarbeitungsphase	• ca. 5 Min.	• Bekanntgabe der Arbeitsaufträge für die Gruppenarbeit. • SuS holen sich die Arbeitsblätter und Forscher-Boxen ab. • Klärung von Verständnisfragen.	• Plenum • Arbeitsblätter • Forscher-Boxen	• Gruppen wurden vom Lehrer festgelegt.
• Erarbeitungsphase I	• ca. 18 Min.	• In der Gruppenarbeit experimentieren die SuS mit den Arbeitsmaterialien und versuchen die Forschungsfrage zu überprüfen. • Die SuS fertigen eventuell Zeichnungen von den Moosen an, sowohl im trockenen als auch gewässerten Zustand.	• Kleingruppen • Arbeitsblätter • Forscher-Boxen	• SuS sollen selbstständig ihre Hypothesen überprüfen. • Didaktische Reserve: Lückentext Moose. • Didaktische Reserve: Arbeitsblatt II
• Aufräumphase	• ca. 2 Min.	• Die SuS räumen ihre Plätze auf und bringen die benötigten Materialien zurück zur Sammelstelle.	• Kleingruppen • Forscher-Boxen	• SuS sollen selbstständig ihren Arbeitsplatz wieder in Ordnung bringen. • Damit die SuS nicht von Material bei der Abschlussreflexion abgelenkt werden, wird zuvor der Arbeitsplatz aufgeräumt.
• Abschlussreflexion	• ca. 10 Min.	• Sicherung der Ergebnisse. • Einzelne Gruppen stellen ihre Experimente vor und präsentieren ihre Ergebnisse. • Einzelnen Merksätze werden vorgelesen und für alle zugänglich gemacht. • SuS gehen auf die Äußerungen ihrer Mitschüler/innen ein. • LAA gibt ein Feedback zur Stunde und verabschiedet die SuS.	• Plenum • Folien • Overhead-Projektor	• LAA stellt Fragen zur Unterrichtsstunde. • LAA bekommt eine Rückmeldung über den Wissensstand der SuS.

13

4 Literatur und Quellennachweis

a) CAMPBELL u. REECE: Biologie. Sprektrum 6 Auf., Berlin 2003.

b) ECKEBRECHT u. KLUGE: Prisma Biologie S1 – Experimente Sammlung. Ernst Klett Verlag, Stuttgart 2007.

c) KILLERMANN, HIERING u. STAROSTA.: Biologieunterricht heute. Eine moderne Fachdidaktik. 11. Auf., Auer Verlag, Donauwörth 2005.

d) Ministerium für Schule und Weiterbildung des Landes Nordrhein-Westfalen, Kernlehrplan für die Realschule in Nordrhein-Westfalen. Biologie 2013.

e) RAVEN: Biologie der Pflanzen. 4. Auflage, Berlin 2006.

f) Schuleigener Lehrplan Biologie der Realschule.

g) SPÖRHASE u. RUPPERT: Biologiedidaktik. Praxisbuch für die Sekundarstufe I und II. Cornelson Scriptor, Berlin 2006.

Plakate der Stunde:

Stundenziel:

> **Wie nehmen Moose Wasser auf?**

Stundenablauf:

1. Ablauf der Stunde

2. Besprechung der Untersuchungen

3. Durchführung der Untersuchungen mit der Forscher-Box

4. Abschlussgespräch

Einteilung der Gruppen:

1. Gruppe	
2. Gruppe	
3. Gruppe	
4. Gruppe	

Forscher-Box:

1. Untersuchung: <u>Wie nehmen Moose Wasser auf?</u>

<u>Aufgabe:</u>

a. Plant in eurer Gruppe ein Experiment, wie ihr eure Vermutung beweisen könnt.
   Euch stehen dafür die Materialien aus der Box zur Verfügung.
   In der Box sind: Moos, Lupe, Messbecher, Petrischalen, Waage

   Legt während des Experiments ein Versuchsprotokoll an, das alle ausfüllen.

Protokoll des Experiments:

Forschungsfrage: _____

_____

Vermutung/: _____

Hypothese _____

Versuchsaufbau:

Durchführung: _____

_____

_____

_____

_____

_____

_____

_____

Beobachtung: _____

_____

_____

_____

_____

_____

Deutung (Erklärung der Beobachtung):

_____

_____

_____

_____

_____

_____

2. Untersuchung: <u>Der Aufbau von Laubmoos</u>

<u>Aufgabe:</u>
  a. Betrachte das Laubmoos ganz genau und benutze hierfür auch die Lupen.
     Zeichne mit deinem Bleistift eine Skizze.
     Zeichne ausreichend groß in das untenstehende Feld.

Zeichnung trockenes Moos:

Zeichnung feuchtes Moos:

<u>Aufgabe:</u>
  b. Kannst du vielleicht die folgende Begriffe in deiner Zeichnung beschriften:
     Moosblättchen, Stämmchen, Rhizoide (wurzelähnlich)